BEI GRIN MACHT SICH IHR WISSEN BEZAHLT

- Wir veröffentlichen Ihre Hausarbeit,
  Bachelor- und Masterarbeit

- Ihr eigenes eBook und Buch -
  weltweit in allen wichtigen Shops

- Verdienen Sie an jedem Verkauf

Jetzt bei www.GRIN.com hochladen
und kostenlos publizieren

Bibliografische Information der Deutschen Nationalbibliothek:

Die Deutsche Bibliothek verzeichnet diese Publikation in der Deutschen National-
bibliografie; detaillierte bibliografische Daten sind im Internet über http://dnb.d-
nb.de/ abrufbar.

Impressum:

Copyright © 2013 GRIN Verlag, Open Publishing GmbH
Druck und Bindung: Books on Demand GmbH, Norderstedt Germany
ISBN: 9783668368347

Dieses Buch bei GRIN:

http://www.grin.com/de/e-book/278813/der-hamburger-hafen-welche-veraende-
rungen-muss-er-durchlaufen-um-auch

Andre Buck

Der Hamburger Hafen. Welche Veränderungen muss er durchlaufen, um auch zukünftig als internationaler Seefrachthafen konkurrenzfähig zu bleiben?

GRIN Verlag

Hochschule Wismar

Der Hamburger Hafen – fit für die Zukunft?
Welche Veränderungen muss der Hamburger Hafen durchlaufen, damit er auch in
Zukunft als internationaler Seefrachthafen konkurrenzfähig bleibt?

Erstellt von André Christopher Buck

<u>**Inhaltsverzeichnis**</u>   **Seite**

<u>**Sonstige Verzeichnisse**</u>

1. Abbildungsverzeichnis

2. Abkürzüngsverzeichnis

TEU   = Twenty-foot Equivalent Unit (Standardcontainer)

HWWI   = Hamburgisches Weltwirschaftsinstitut

ISL   = Institut für Seeverkehrswirtschaft und Logistik

HPA   = Hamburg Port Authority

1. Einleitung

1.1 Problemstellung und Eingrenzung des Themas

Unter dem Themenschwerpunkt und folgender Fragestellung „Der Hamburger Hafen – fit für die Zukunft? - welche Veränderungen muss der Hamburger Hafen durchlaufen, damit er auch in Zukunft als internationaler Seefrachthafen konkurrenzfähig bleibt?" hat sich der Verfasser mit dem ausgewählten Thema „Der Hamburger Hafen – Entwicklung und Perspektiven" auseinandergesetzt.

Die maritime Wirtschaft gehört aufgrund eines rapiden Zustroms der weltwirtschaftlichen Entwicklung sowie einer Wirtschaftsprosperität des internationalen Warenhandels zu den wachstumsstärksten Teilbereichen des Weltwirtschaftshandels. Zunehmender Wohlstand und der Abbau von Wirtschaftshindernissen, führen fortlaufend zu der Annahme, dass mit einer Ausdehnung des Welthandels zu rechnen ist.[1]

Im Rahmen dieser Arbeit wird sich der Verfasser mit den Entwicklungsplänen des Hamburger Hafens auseinandersetzen und darlegen, welche Projekte in Diskussion stehen und welche von diesen höchste Priorität genießen, damit der Hafen der Metropolregion auch in Zukunft seine Wettbewerbsfähigkeit beibehält. Die Hamburg Port Authority (HPA) unterteilt die wesentlichen Projekte der Infrastrukturanpassungen in Wasser, Schiene und Straße - beschrieben werden technische Neuerungen, die den Ablauf der Hafenwirtschaft zukünftig beschleunigen und verbessern sollen. Unter Analyse und Bewertung dieser Punkte wird der Verfasser versuchen, die oben genannte Fragestellung zu beantworten.

Da der Hamburger Hafen für die Hansestadt ein so wichtiges Wirtschaftselement darstellt, ist es wichtig, die ständige Konkurrenzfähigkeit zu analysieren und gegebenenfalls Veränderungen durchzuführen. Die geplanten Anpassungen sollen die Attraktivität des Hafens auch in Zukunft gewährleisten. Wichtige Entscheidungsträger sind neben der Wettbewerbsfähigkeit auch ökonomische und umwelttechnische Maßnahmen: Umwelt- und Klimaschutzaktivitäten haben in den vergangenen Jahren immer mehr Aufmerksamkeit erlangt. Als Ergebnis steigt die Bedeutung von Nachhaltigkeitsstrategien für Unternehmen

---

[1] Vgl. Großmann, Harald, Otto, Alkis, Stiller, Silvia, Wedemeier Jan, Studie des HWWI und der Berenberg Bank, „Maritime Wirtschaft und Transportlogistik – Band A: Perspektiven des maritimen Handels – Frachtschifffahrt und Hafenwirtschaft", Band A, Hamburg, 2006, S.8 ff.

und Volkswirtschaften. Es hat sich im Laufe der Zeit ein Branchentrend für ökologisch vertretbaren Maritimverkehr entwickelt und ist dabei Teil der globalen Innovation geworden.[2]

1.2 Erkenntnisinteresse

Das Interesse des Verfassers für das Thema „Hamburger Hafen – Entwicklung und Perspektiven" entwickelte sich bereits während der Zeit in der Oberstufe. Dort belegte der Verfasser das Profil „Politik, Gesellschaft und Wirtschaft", dass zeitweise vertieftes Wissen über die Wirtschaftseinheiten der Hansestadt Hamburg voraussetzte. So hielt der Verfasser in bestimmten Projekten Vorträge und entwickelte gemeinsam mit Politikern, Bekannten und einem Mitschüler eine Podiumsdiskussion über die Zukunft der Hamburger Wirtschaft mit besonderem Bezug auf den Haushaltsplan. Aufgrund dieses Projekts beschäftigte sich der Verfasser auch mit dem - für Hamburg so wichtigen Wirtschaftszweig - des Hamburger Hafens. Als gebürtiger Hamburger ist es für den Verfasser immer wieder schön, die Hafengegend zu besichtigen und sich über die typisch hansestädtischen Merkmale zu erfreuen. Wenn fundamentales Wissen vorhanden ist, ermöglicht es dann natürlich auch einen tieferen Einblick in die Materie. Die vorherrschenden Probleme, aber auch die zukünftigen Projekte im Hafen, die von großer Bedeutung sind, zu kennen und eigene Prognosen anzustellen, bereitet dem Verfasser persönlich sehr viel Freude. Mit der Eingrenzung, „Der Hamburger Hafen – Fit für die Zukunft?" wird der Verfasser versuchen, genau diesen Teilbereich der Entwicklung der möglichen Perspektiven zu beleuchten und darzustellen. Unter Berücksichtigung der wirtschaftlichen Bedeutung, versucht der Verfasser den von ihm gewählten Studienschwerpunkt der Betriebswirtschaftslehre mit dem Kompetenzfeld Tourismus- und Eventmanagement intensiv zu bearbeiten.

1.3 Vorgehensweise

Das Material für die vorliegende Arbeit stammt vorwiegend aus Pressemitteilungen, Zeitungsartikeln und Veröffentlichungen der Hamburg Port Authority (HPA) und Studien des Instituts für Seeverkehrswirtschaft und Logistik (ISL) und des Hamburgischen Weltwirtschaftsinstituts (HWWI). Da der Hamburger Hafen fortlaufend Anpassungs- und Entwicklungsphasen durchläuft, kann sich der Verfasser in dieser Arbeit lediglich auf die Entwicklungsziele bis 2025 beschränken. Zahlen und Fakten und tatsächliche Entwicklungen sind nur Prognosen und können aufgrund von etwaigen Entscheidungen der Zukunft vorerst nicht belegt werden.

---

[2] Vgl. Freie und Hansestadt Hamburg – Behörde für Wirtschaft, Verkehr und Innovation, Hamburg Port Authority, „Hamburg hält Kurs – Der Hafenentwicklungsplan bis 2025", Oktober 2012, S. 28

1.4 Literaturlage

Während es zahlreiche Informationen in Form von Zeitungsberichten, Pressemitteilungen und Informationsbroschüren der HPA gibt, hat der Verfasser keine brauchbare Dissertation zum Thema Hafenentwicklung gefunden, die sich sowohl mit den Entwicklungszielen als auch mit der zukünftigen Stellung des Hafens auseinandersetzt. Somit sind die brauchbaren Texte nur auf Informationsbroschüren und vereinzelte Sammelwerke, Zeitschriften und Monografien beschränkt. Eine Erklärung hierfür ist wahrscheinlich, dass die gesamte Hafenentwicklung der kommenden Jahren nur auf Prognosen und Schätzungen basiert.

2. Entwicklungsziele und Kurzüberblick über den Hamburger Hafen

2.1 Kurzüberblick internationaler Welthandel

Bedingt durch einen rapiden Zustrom der weltwirtschaftlichen Entwicklung sowie durch die Hochkonjunktur des internationalen Warenhandels, zählte die maritime Wirtschaft in den vergangenen Jahren zu den wachstumsstärksten Teilbereichen des Weltwirtschaftshandels. Belege hierfür sind unter anderem die weltweit zunehmende Sozialisation und der Abbau von Wirtschaftshindernissen. Durch den daraus zu erwartenden Anstieg des Wohlstands verschiedenster Regionen, ist auch fortlaufend mit einer Ausdehnung des Welthandels zu rechnen. Diese Fakten belegen, dass die maritime Wirtschaft eine Wirtschaftsader mit günstigen und kalkulierbaren Ausbauperspektiven darstellt. Studien des HWWI zeigen auf, dass in der Europäischen Union eine jährliche Zuwachsrate von real 6,6 % gegeben ist. Daraus ergibt sich eine jährliche, effektive Steigerung des Handelsvolumens von 3,3%. Häfen, die derzeitig einen hohen Anteil von Containergütern umschlagen und ihre Spezialisierung auf eben diese Wirtschaftsnische festgelegt haben, werden von diesen Anstiegen zukünftig überdurchschnittlich stark profitieren können, da sich aus der Studie des HWWI eine Expansion des Volumen der Seetransporte im Zeitraum von 2005 bis zum Jahre 2030 um ungefähr 125 % ergeben hat.[3]

2.2 Allgemeine Fakten des Hamburger Hafens

Einer der wichtigsten Wirtschaftsinstitutionen Deutschlands ist der Hamburger Hafen. Er ist der größte und bedeutendste Hafen Deutschlands und mit seinem enormen Containerumschlag der zweitgrößte Containerhafen Europas. Auf rund 7200 Hektar werden auf dem Hafengelände täglich mehrere Tausend Container umgesetzt. Des Weiteren stellt er die Basis für die Niederlassung von Industrie- als auch Logistikunternehmen dar und bietet

---

[3] Vgl. HWWI, „Maritime Wirtschaft und Transportlogistik – Band A: Perspektiven des maritimen Handels – Frachtschifffahrt und Hafenwirtschaft", Band A, Hamburg, 2006, S.8 ff.

wichtige Beschäftigungsimpulse für die maritime Wirtschaftsmaschinerie der Metropolregion[4]: Rund 156.000 Arbeitsplätze sind auf die Hafenwirtschaft zurückzuführen. Jährlich sind rund 10.000 Seeschiffsankünfte zu verzeichnen, die es im Jahre 2011 auf insgesamt 132,2 Millionen Tonnen Waren gebracht haben. Durch die derzeitige Infrastruktur werden rund 950 Häfen in 178 Ländern durch den Hamburger Hafen miteinander in Verbindung gebracht.[5]

2.3 Aktuelle Herausforderungen im Hamburger Hafen

2.3.1 Wachstumstrend von Containerschiffen

Eine Analyse des weltweiten Warenverkehrs zeigt, dass das meistgenutzte Transportmittel die Seeschifffahrt darstellt. Lediglich ein Drittel entfällt auf andere Transportmittel. Dabei hat sich das Transportvolumen in Tonnen seit 1985 mehr als verdoppelt. Möglich gemacht hat dies die enorme Expansionsentwicklung des Containerverkehrs. Dafür verantwortlich waren unter anderem die Nordrange-Häfen. Die Häfen des Nordseewassergebiets, zu dem auch der Hamburger Hafen gehört, haben im Bezug auf die Wirtschaftsentwicklung Europas einen enormen Einfluss. Die entsprechend stark ausgeprägten Handelsbeziehungen der Nordrange stellen untereinander einen vergleichsweise großen Markt dar, der wiederum auf die jeweils entsprechenden geografischen Lagen und die Infrastruktur der einzelnen Häfen zurückzuführen ist. Die daraus resultierenden Effekte sind entscheidend für die großen Entwicklungsexpansionen in den vergangenen Jahren. Das Endprodukt des geschilderten Sachverhalts ist ein stetiger Zuwachs der Warengüter, die mit dem Containerhandel einhergehen und vor allem in den letzten Jahren für einen Aufschwung im Bereich der auf Containerumschlag spezialisierten Häfen geführt haben – darunter auch der Hamburger Hafen.[6] Bestimmte Marktbeobachtungen und Markteinschätzungen, die unter anderem auch auf Studien zurückzuführen sind, geben Aufschluss über mögliche Kapazitätsfragen, die hinsichtlich der Hafenentwicklung des Hamburger Hafens unmittelbare Veränderungen für das tägliche Geschäft erzielen könnten. Dabei spielt die Entwicklung der Schiffsgrößenkonstruktionen eine fundamentale Rolle. Speziell für den Containerflottenbereich ist festzustellen, dass der Markt seit Jahren vom Größenwachstum der Schiffe beeinflusst wird. Die Anlaufbedingungen stellen dabei einen wichtigen Faktor für die Auswahl der jeweilig anzulaufenden Häfen der Nordrange dar. So wird angenommen,

---

[4] Vgl. Hafenentwicklungsplan 2025 S.8
[5] Vgl. o.V. „Zahlen und Fakten"; Homepage der HPA; 26.02.2013; 14:46 Uhr, http://www.hamburg-port-authority.de/de/der-hafen-hamburg/zahlen-und-fakten/Seiten/default.aspx
[6] Vgl. HWWI; „Maritime Wirtschaft und Transportlogistik – Band A: Perspektiven des maritimen Handels – Frachtschifffahrt und Hafenwirtschaft"; Band A; Hamburg, 2006,S.23 ff.

dass die Schiffsgrößenentwicklung immer mehr mit der Auswahl der Routenpläne verschmelzt.[7]

Die ökonomische Gesetzmäßigkeit, dass ein Seetransport von Containern umso wirtschaftlicher ist, je mehr Containereinheiten auf demselben Schiff transportiert werden können, führt zu einer hohen Stellplatzauslastung. Diese wiederum ist mit hohen Tiefgängen verbunden. Durch diese Gegebenheiten kommt es zur Veranlassung von der Konstruktion und dem Einsatz immer größer werdenden Schiffsanfertigungen. Die Anzahl der Containerschiffe mit einem durchschnittlich hohen Konstruktionstiefgang haben in den letzten Jahren der maritimen Wirtschaft erheblich zugenommen.[8]

Die Anzahl der Schiffsankünfte im Hamburger Hafen entsprechen nicht der Anzahl der tatsächlich eingesetzten Schiffe, da die größeren Containerfrachter Hamburg mehrmals im Jahr anlaufen. So kommt es öfters zu Schiffsankünften mit entsprechend großem Tiefgang - auch wenn es nur eine geringere Anzahl von Schiffen dieser Größe gibt. Des Weiteren sind derzeit schon Schiffe in Hamburg angekündigt, die den Hafen nur in bestimmten Zeitfenstern oder mit Ladebeschränkungen anlaufen können.

Containerschiffsgrößen in der Nordeuropa-Fernost-Fahrt 2008 und 2015

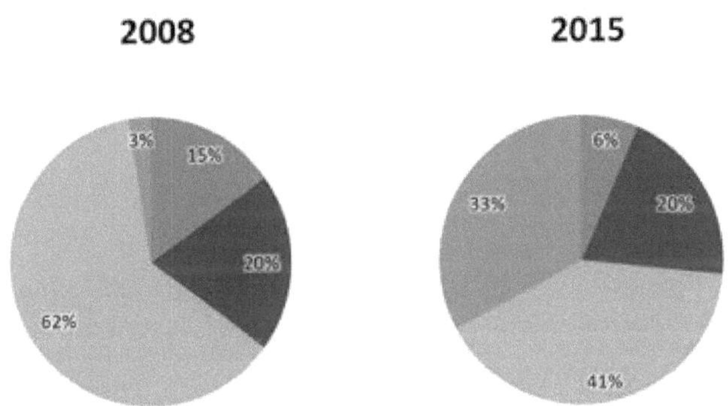

Im Bereich der Containerschiffe mit einer Anzahl von mehr als 3000 TEU hat sich die Zahl der Schiffe mit einem Konstruktionstiefgang über 12,5 Metern deutlich gesteigert. In den Zeiten der Jahrtausendwende waren Tiefgänge von über 13,5 Metern zu verzeichnen – der Anstieg übertraf sogar den der vorangegangenen Schiffe bis zu 12,5 Metern Tiefgang.

---

[7] Vgl. „Hamburg hält Kurs – Der Hafenentwicklungsplan bis 2025", Oktober 2012, S.26

[8] Vgl. o.V., Projektbüro Fahrrinnenanpassung, „Schiffsgrößenentwicklung/Tiefgänge", Homepage des Projektbüros Fahrrinnenanpassung, 20.02.2013, 9:14 Uhr, http://www.fahrrinnenausbau.de/genehmigungsantrag/planung/schiffsgroessen/index.php

[9] Abb. 1 „Containerschiffgrößen in der Nordeuropa-Fahrt 2008 und 2015"

Der Anteil der Containerschiffe mit 10.000 TEU und mehr wird sich laut Schätzungen des ISL von derzeit 3% auf 33% erhöhen. Dabei soll sich der Teil der Schiffe, der bislang als groß galt (6000 – 10.000 TEU) auf andere, insbesondere Transpazifik-Routen ausweichen. Somit würde sich der Anteil der Schiffe mit mehr als 6000 TEU in der Nordeuropa-Fernost-Fahrt von 65% (2008) auf ungefähr 74% (2015) erhöhen. Schiffskonstruktionen mit einer Maximalkapazität von bis zu 4000 TEU (siehe Abb.1, S.9) werden fast vollkommen aus dem Markt verdrängt.

Im Schiffsverkehrsgutachten hat das ISL eine Prognose veröffentlicht, in der die Entwicklung der Weltcontainerflotte bis zum Jahre 2015 veranschaulicht wird (siehe zusätzlich Abb.1, S.9): der Anteil der Containerschiffe, die mindestens so groß sind wie ein Postpanmax-Schiff, wird von 13,9% (2005) auf 18,7% (2015) ansteigen. Nach Einschätzungen des ISL zufolge, werden die Containerschiffe mit einem Tiefgang bis 12,5 Metern bis 2015 drastisch abnehmen. Der Fokus liegt dann auf noch größeren Schiffen: vier von fünf Containerschiffen in der Nordeuropa-Fernost-Fahrt werden Tiefgänge von mehr als 12,6 Metern und bis zu 15,5 Metern aufweisen. In der Größenklasse der Postpanmax Schiffskonstruktionen werden insbesondere diejenigen Schiffe zunehmen, die einen deutlich höheren Tiefgang als 13,5 Metern bis zu 14,5 Metern aufweisen. Es muss also angenommen werden, dass eben diese Schiffsgrößen in der Zukunft den größten Bedeutungsnachwuchs charakterisieren. Auch in der für Hamburg so wichtigen Ostasienfahrt werden sie zukünftig die Regel sein[10].

---

[10] Vgl. o.V., Projektbüro Fahrrinnenanpassung, „Schiffsgrößenentwicklung/Tiefgänge“, Homepage des Projektbüros Fahrrinnenanpassung, 20.02.2013, 9:14 Uhr,
http://www.fahrrinnenausbau.de/genehmigungsantrag/planung/schiffsgroessen/index.php

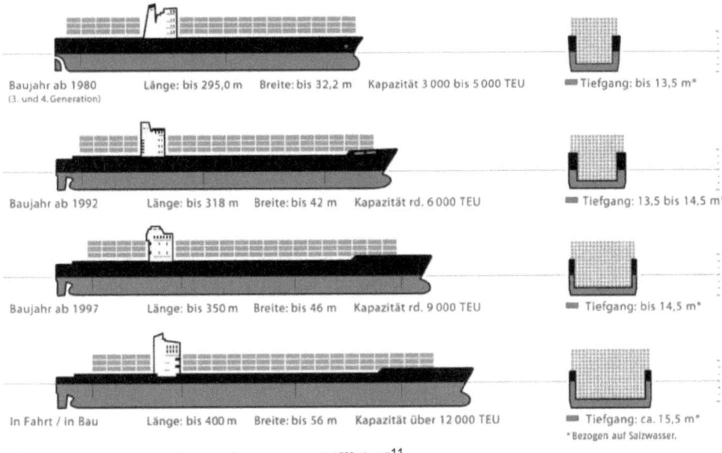

„Größenentwicklung in der Containerschifffahrt"[11]

2.3.2. Infrastrukturanpassung

2.3.2.1 Entwicklungsplanungen Wasser

Elbvertiefung

Die letzten Bauarbeiten der vorangegangenen Fahrrinnenanpassung endeten zur Jahrtausendwende. 2000 wurde die Fahrrinne dann zur Befahrung freigegeben – diese soll nun ein weiteres Mal vertieft werden. Zu der damaligen Zeit wurde für die Umsetzung des Bauvorhabens ein Bemessungs-Containerschiff verwendet. Dieses hatte aber längst nicht die gleichen Ausmaße wie jenes, welches nun Anwendung findet. So wurde mit einer Länge von bis zu 300 Metern, einer Breite bis zu 32,3 Metern und einem Maximaltiefgang von 13,5 Metern kalkuliert. Dieses veraltete Modell ermöglicht heute die Schiffsankunft von Schiffen mit einem tideunabhängigen Tiefgang von bis zu 12,5 Metern. Diese können den Hafen der Metropolregion also jederzeit anlaufen und verlassen.[12] Für Schiffe, die diesen Größenkriterien nicht entsprechen, sondern höhere Tiefgänge aufweisen, stehen bestimmte Startfenster zur Verfügung. Diese Zeitfenster sind ausschließlich für Schiffe mit einem hohen Tiefgang berechnet worden. Die bedarfsdeckende Fahrrinnensollausbautiefe wird nach Prognosen des ISL mit maximal 14,5 Metern angegeben. Somit soll dieser sogenannte

---

[11] Abb. 2 „Größenentwicklung in der Containerschifffahrt", Quelle: Projektbüro Fahrrinnenanpassung

[12] Vgl. o.V., Projektbüro Fahrrinnenanpassung, „Derzeitige Verkehrsverhältnisse", Homepage des Projektbüros Fahrrinnenanpassung; 02.02.2013, 10:47 Uhr;http://www.fahrrinnenausbau.de/genehmigungsantrag/planung/derzeitige_verh/index.php

Gebrauchstiefgang heutige als auch zukünftig verkehrende Großcontainerschiffe ohne Zwischenfälle bedienen können.[13]

Das „neue", überarbeitete Bemessungsschiff orientiert sich mit einer Länge von bis zu 350 Metern, einer Breite von maximal 46 Metern und einem tideunabhängigen Maximaltiefgang von 14,5 Metern an den von dem ISL prognostizierten wachsenden Größensektor der Weltcontainerflotte. Die Dimensionierung der Fahrrinne soll dabei in erster Linie den in der Zukunft liegenden Bedarf flächendeckend bedienen können. Ein großer Entscheidungsanteil entfällt neben der Schiffsgrößenentwicklung - also den wirtschaftlichen Vorteilen - auf die Aspekte der umliegenden Natur. So stehen beispielsweise Deichsicherheit und die so gering wie möglich haltende Veränderung des natürlichen Flusssystems der Elbe (Fauna) im Vordergrund und sind wichtige Entscheidungsfaktoren[14].

Zukünftig sollen Containerschiffe mit einem Maximaltiefgang von 14,5 Metern im Hamburger Hafen eintreffen können. Da es nur selten zu einer hundertprozentigen Auslastung der Schiffskapazitäten kommt, ist in bestimmten, vereinzelten Fällen ein tideabhängiger Verkehr zumutbar. Nach Fertigstellung der Fahrrinnenanpassung soll von jedem der drei großen Hamburger Containerterminals jeweils ein Containerschiff mit dem Maximaltiefgang ablegen können.

Verschiedenste Aspekte erhielten Mitspracherecht und wurden in Betracht gezogen, um letztendlich die bestmögliche Wertschöpfung für den Hamburger Hafen zu erzielen: so sollen insgesamt rund 136 Kilometer Fahrstrecke je nach Bedarf angepasst und vertieft werden. Der Bauabschnitt mit zu vertiefenden Segmenten erstreckt sich von der Außenelbe bis zum Containerterminal Altenwerder. Die 400 Meter Regelbreite der Fahrrinne bleibt bis auf vereinzelte Eingriffe unverändert. Lediglich kleine Passagen werden nach Bedarf verbreitert, damit auch hier Begegnungen von zwei Bemessungsschiffen möglich werden.[15]

---

[13] Vgl. o.V., Projektbüro Fahrrinnenanpassung, „Heutige Fahrrinne", Homepage des Projektbüros Fahrrinnenanpassung, 02.02.2013, 9:56 Uhr,
http://www.fahrrinnenausbau.de/genehmigungsantrag/planung/heute/index.php

[14] Vgl. o.V., Projektbüro Fahrrinnenanpassung, „Schiffsgrößenentwicklung / Tiefgänge", Homepage des Projektbüros Fahrrinnenanpassung, 01.02.2013, 17:32 Uhr,
http://www.fahrrinnenausbau.de/genehmigungsantrag/planung/schiffsgroessen/index.php

[15] Vgl. o.V., Projektbüro Fahrrinnenanpassung, „Dimensionierung der Fahrrinne", Homepage des Projektbüros Fahrrinnenanpassung, 02.02.2013, 9:23 Uhr,
http://www.fahrrinnenausbau.de/genehmigungsantrag/planung/dimension_fahrrinne/index.php

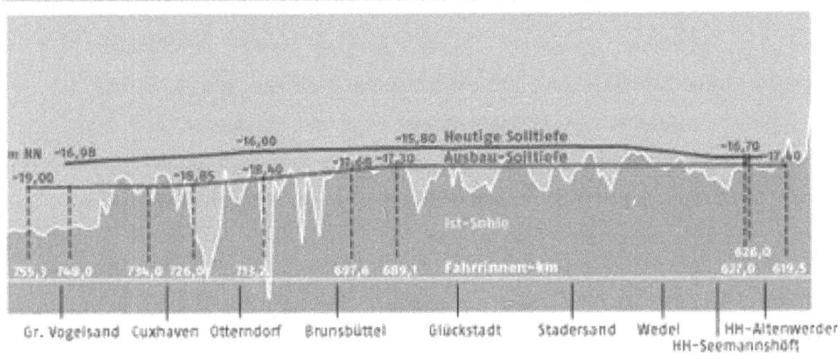

„Ist-Zustand der Fahrrinnensohle, heutige und geplante Fahrrinnentiefen im Längsschnitt"[16]

Seezollhafen

Einst war der Freihafen Hamburg eine Triebfeder für die Entwicklung Hamburg als Welthafen und Handelsmetropole. Über 120 Jahre lang war der 1888 gegründete Freihafen ein Privileg für alle Handelsunternehmen, die im Freihafen ihre Waren lagerten. Jedoch verändern sich die Anforderungen eines internationalen Großhafens stetig und müssen den aktuellen Gegebenheiten angepasst werden. Dabei müssen Entscheidungen getroffen werden, die den zukünftigen Herausforderungen gewachsen sind und den aktuellen Marktbedürfnissen entsprechen. Somit ist der einstige Freihafen seit dem 1. Januar 2013 nun ein Seezollhafen. Es gelten also die allgemeingültigen Regelungen eines Seezollhafens in der Europäischen Union. Einstige Vorteile, wie das Privileg der Anmelde- und Gestellungsfreiheit für seewärtig ankommende Waren im Freihafen wurde durch Veränderungen im Zollrecht abgeschafft. Durch die allgemein gültigen Regeln des internationalen Seezollhafens entfallen die vorher gültigen Überwachungsverfahren für die Lagerung und Behandlung von Gemeinschaftswaren im Hafengebiet genauso wie die zeitintensiven Leerkontrollen der Container. Der Grundsatz des Systems ist dabei so geregelt, dass die zollamtliche Überwachung die vorübergehende Verwahrung solange sichert, bis diese eine endgültige zollrechtliche Bestimmung erhalten haben. Langfristige Lagerungen von Waren unter Befreiung der Einfuhrabgaben sind unter den Regeln des Seezollhafens nur noch in einem Zolllager möglich, das zuvor vom Unternehmen beim zuständigen Hauptzollamt beantragt wird. Des Weiteren werden die Abwicklungen von Transporten, die über den Hamburger Hafen durch die Abschaffung der besonderen zollrechtlichen Regelungen vereinfacht.

---

[16] Abb. 3 „Ist-Zustand der Fahrrinnensohle, heutige und geplante Fahrrinnentiefen im Längsschnitt"

Durch die Umstellung vom Freihafen auf den Seezollhafen ist für Firmen, deren Geschäftsmodell auf der einfuhrabgabenfreien Lagerung basiert, ein Überarbeiten der Arbeitsabläufe notwendig geworden. Damit die Überwachung der Waren gewährleistet werden kann, müssen Waren beispielsweise mit elektronischer Software erfasst werden. Unternehmen, deren Sitz im ehemaligen Freihafengebiet liegt und die bisher nicht mit unverzollten und unversteuerten Waren in Berührung gekommen sind, werden von den neuen Maßnahmen entlastet. Die zuvor bestehende Pflicht zur Überwachung von Gemeinschaftswaren ist zum 1. Januar 2013 weggefallen.

Durch eigens für den Seezollhafen konzipierte Förderungsprogramme sollen betroffene Unternehmen bei der Umstellung unterstützt werden: im Rahmen des Programms „Modernisierung Zolldeklarierung" hat die Behörde für Wirtschaft, Verkehr und Innovation spezielle Programme für die individuelle Unterstützung und Beratung der betroffenen Unternehmen entwickelt.

Für die Schließung des Freihafens sind verschiedene Gründe ausschlaggebend: zum einen ist der Warenanteil von nicht EU-Ländern erheblich zurückgegangen, zum anderen sind die Zollsätze für die sogenannten Drittlandswaren gesunken. Des Weiteren führen die im Freihafen nötigen Leerkontrollen der rund eine Million Leercontainer pro Jahr an den Zollgrenzen regelmäßig zu Staus und damit zu Verspätungen und Problemaufkommen in der Transportkette. Neben einigen Neuheiten, die Zeit benötigen, damit die Transportketten rund laufen, erhält die Hansestadt Hamburg wieder die volle Planungsfreiheit über das Freihafengebiet und kann zukünftige Entwicklungen von Stadt und Hafen ohne Zustimmung der Zollverwaltung eigenhändig realisieren.[17]

2.3.2.2 Entwicklungsplanungen Schiene

Die aktuelle Verbindung zwischen dem Hamburger Hafen und dem Hinterland wird durch die Bahn gesichert. „Vor allem die Schienentrassen nach Mittel- und Osteuropa tragen dazu bei, dass die grüne Logistikkette über den Hafen hinaus wirtschaftlich und leistungsfähig funktioniert."[18] Dennoch hat sich das Schienenetz nicht linear mit dem Umschlagswachstum des Hafens vergrößert. Die Leistungsfähigkeit der Schienennetze vergangener Tage wird die in Zukunft vorherrschenden Transportmassen nicht bewältigen können. Prognosen gehen davon aus, dass sich die Anzahl der Güterzüge bis 2020 auf 400 Züge täglich verdoppelt.

---

[17] Vgl. o.V., Freie und Hansestadt Hamburg, Hafen Hamburg; „Port of Hamburg Magazine", Hamburg, 2/2012, S. 6ff.

[18] Vgl. „Hamburg hält Kurs – Der Hafenentwicklungsplan bis 2025", Oktober 2012, S. 48

Durch die gegebenen Modal Split-Verschiebungen scheinen Schieneninfrastrukturanpassungen unabdingbar.[19]

Y-Trasse

Ein geplantes Bauvorhaben stellt die sogenannte Y-Trasse dar, die durch die Umsetzung und die Verlagerung des Personenverkehrs deutliche Kapazitätssteigerungen für den Güterverkehr schaffen soll. Durch den fortlaufend zunehmenden Güterverkehr schafft sie eine enorm hohe Relevanz für die Hafenhinterlandsinfrastruktur und deren Entlastung. So soll die Y-Trasse nach derzeitigen Auffassungen nicht nur Personen-Hochgeschwindigkeitsverkehr aufnehmen, sondern auch den boomenden Güterverkehr bedienen. Um den ökologisch vertretbaren Güterverkehr mit dem Einsatz von „grünen Verkehrsträgern" wie der Bahn zu fördern, wird sich der Hamburger Senat für eine zügige Realisierung der geplanten Bauvorhaben einsetzen. Zuvor müssen jedoch Übergangslösungen konzipiert werden, die fortan bestehen können, insofern das Bauprojekt fertig gestellt ist. Dies ist notwendig, da die auf Prognosen basierende Realisierungsdauer des Bauprojektes nicht mit der Expansion des Güterverkehrs mithalten kann.[20]

Entwicklungsplanungen der Hafenbahn

Die Hafenbahn dient für über 90 Eisenbahnverkehrsunternehmen als Zugang zu ihrer Gleisinfrastruktur. Dabei verbindet das Netz der Hafenbahn die Gleisanschlüsse der Umschlagbetriebe mit dem Schienenetz der Hauptstrecken.

Die derzeitig geplante Netzverdichtung zielt darauf ab, den Expansionen im Containertransport gerecht zu werden. Instrumente wie Warte- und Pufferfunktionsgleise oder zweigleisige Anbindungen bei den Mainterminals genießen große Aufmerksamkeit bezüglich der Entwicklungsplanungen. Als grundsätzliches Ziel gilt dabei die Steigerung der Leistungsfähigkeit der Bahnverbindungen im Hafengebiet. Mehrere Brückenkonstruktionen und diverse Ausbaumaßnahmen sollen mögliche Verbesserungsprozesse beschleunigen. Dabei führen neue Netzkonzepte zur Entlastung von Knotenpunkten im Hafengebiet. Besondere Aufmerksamkeit erlangt die südliche Bahnanbindung von Altenwerder, die einen Bypass für das westliche Hafenbahnnetz bilden wird. Ein langfristiges Ziel der Hafenbahninfrastrukturanpassungen sollte sein, die beiden Flächen im Hamburger Hafengebiet mit Bahnentwicklungspotenzialen zu sichern. Die Erreichbarkeit des Areals

---

[19] Vgl. „Hamburg hält Kurs – Der Hafenentwicklungsplan bis 2025", Oktober 2012, S. 48
[20] Vgl. „Hamburg hält Kurs – Der Hafenentwicklungsplan bis 2025", Oktober 2012, S. 48

südlich des Hafenbahnhofs „Alte Süderelbe" und der Seehafenbahnhof in Harburg sollen durch Verschmelzungs- und Anbindungsprozesse verbessert werden.[21]

2.3.2.3 Entwicklungsplanungen Strasse

Durch die Modal-Split-Verschiebung und die prognostizierte Steigerung der Umschlagsmengen wird es in der Zukunft auch notwendig sein, ein dem ansteigendem Verkehrsaufkommen angepasstes Straßennetz zu entwickeln. So gilt es, Straßeninfrastrukturen zu schaffen, die es möglich machen das Transportaufkommen innerhalb und außerhalb des Hafens ohne größere Verzögerungen zu bewerkstelligen. Die hafenbezogenen Straßenverkehre sollen dabei erhalten, erneuert oder bei Bedarf angepasst und erweitert werden. Des Weiteren gilt es ein attraktives Verkehrsmanagement zu schaffen, dass dafür sorgt, dass die Verkehrsströme optimal verwaltet werden können. Dabei genießt die größte Aufmerksamkeit die Entwicklungsplanung der Verbindung zwischen den Autobahnen A7 und A255/A1. Mithilfe der Realisation der Verbindung können hafenbezogene Verkehre, die derzeitig über die Köhlbrandbrücke abgewickelt werden, zukünftig schneller und effektiver gestaltet werden. Zusätzlich soll der Neubau der A26 die Infrastrukturkapazitäten und die Attraktivität des Hamburger Straßennetzes zusätzlich fördern. Die A26 soll unter anderem die im westlichen und nördlichen Teil des Hafens gelegenen Umschlaganlagen verbinden und erreichen. Außerdem dient der Neubau der Autobahn als leistungsfähige West-Ost-Trasse, die eine Anbindung an das transeuropäische Straßennetz möglich macht und den zusätzlich anfallenden überregionalen Fernverkehr aufnimmt.[22]

2.3.2.4 Entwicklungsplanungen Technik

Innovative Transportsysteme

Durch die wachstumsbedingte steigende Auslastung der Verkehrsinfrastruktur, plant der Senat eine transportsystemübergreifende Optimierung der Transportsysteme. Hierbei sollen auch innovative Neuerungen zum Einsatz kommen. Um eine zukünftige Überlastung der Transportsysteme vorzubeugen, wurden über 50 technologische Ansätze auf ihre Tauglichkeit überprüft. 20 Systeme wurden aufgrund erster Analysen ausgewählt und im Rahmen einer Nutzenwertanalyse auf ihre Eignung geprüft. Dieses sind fahrerlose LKWs, Hängesysteme, duale Systeme mit zwei möglichen Fahrzeugtypen sowie fahrerlose Bahnsysteme und Magnetschwebefahrzeuge. Diese Systeme sollen in der nahen Zukunft weiterhin verbessert werden, bevor sie tatsächlich zum Einsatz kommen. Da fast jedes

---

[21] Vgl. „Hamburg hält Kurs – Der Hafenentwicklungsplan bis 2025", Oktober 2012, S.50ff.
[22] Vgl. „Hamburg hält Kurs – Der Hafenentwicklungsplan bis 2025", Oktober 2012, S.53

neuartige Transportsystem eine eigene Verkehrsinfrastruktur benötigt, müssen weitere Nutzenwertanalysen durchgeführt werden, bevor sie tatsächlich zum Einsatz kommen können.[23]

Modernes Daten- und Applikationsmanagement

Die Grundlage für eine innovative Ressourcenplanung bilden Programme, die Auskunft über die zu transportierenden Waren geben. Dabei spielen die Faktoren der Güterart, des Güterziels und der Güterherkunft eine fundamentale Rolle. Um im Qualitätswettbewerb einen Vorsprung zu erhalten, planen die Verantwortlichen des Hamburger Hafens die laufende Optimierung der IT-Infrastruktur. Um das zukünftig steigende Datenvolumen zu bewältigen, bedarf es einer Komplettsanierung des IT-Grundgerüsts. Ziel ist es, eine architektonische IT-Struktur zu schaffen, die eine plattformübergreifende Analyse und Visualisierung der Daten möglich macht. Ein ständiger Vergleich mit den weltweit besten Systemen, soll die Qualität der geplanten Daten- und Applikationssysteme steigern.[24]

3. Der Hamburger Hafen – fit für die Zukunft?

3.1 Begutachtung und Analyse der Entwicklungsziele

Ausgehend von dem prognostizierten Wachstum im Bereich der maritimen Wirtschaft kann Hamburg auch zukünftig mit weiteren Expansionen in der Hafenwirtschaft rechnen. Etwa 12% der Arbeitplätze und 15% des Bruttoinlandsprodukts der Hansestadt Hamburg sind direkt auf die Hafenwirtschaft zurückzuführen. Damit der Hafen auch weiterhin eine solch wichtige Instanz für die Hamburger Wirtschaft darstellen kann, müssen insbesondere gegenüber der Wettbewerbshäfen ständige Veränderungen und Analysen durchgeführt werden. Eine wichtige Vorraussetzung für die anhaltende Konkurrenzfähigkeit ist, dass der Hafen nicht durch fehlende Infrastruktur am Konkurrenzverhalten oder der Expansion behindert wird.[25]

Der Modal Split in einem Hafen wird überwiegend von der wirtschaftsgeografischen Lage beeinflusst. Somit ist es eine der grundlegenden Herausforderungen für den Hamburger Hafen die zukünftige Abwicklung beim Hinterlandtransport neu zu gestalten. Rund 194 Millionen Tonnen Gesamtumschlag beziehungsweise rund 14 Millionen TEU pro Jahr werden für das Jahr 2025 prognostiziert. Angesichts dieser Prognose müssen neue Konzepte entwickelt werden, die sowohl ökologisch als auch ökonomisch die bestmögliche Verkehrsverteilung ergeben. Aus wirtschaftlicher und ökonomischer Sicht sind die

---

[23] Vgl. „Hamburg hält Kurs – Der Hafenentwicklungsplan bis 2025", Oktober 2012, S. 40
[24] Vgl. „Hamburg hält Kurs – Der Hafenentwicklungsplan bis 2025", Oktober 2012, S.39, S.40
[25] Vgl. „Hamburg hält Kurs – Der Hafenentwicklungsplan bis 2025", Oktober 2012, S.39ff.

Transportmittel Bahn und Binnenschiff dem LKW vorzuziehen. Allerdings haben Häfen mit einem hohen lokalen Aufkommen einen höheren Anteil von LKW-Verkehren, da im Nahbereich kein anderes Transportmittel effektiver transportieren kann. Des Weiteren wird der Modal-Split aber auch durch das Transportgut bestimmt. Da sich Hamburg als Containerhafen etabliert hat, kommt es hier umso mehr zum Einsatz von dem Verkehrsträger Straße, da Container im Gegensatz zu Massengütern meist auf dem LKW und nicht auf dem Binnenschiff transportiert werden.[26]

Die geplanten Infrastrukturanpassungen für den Hamburger Hafen legen einen enormen Fokus auf die Qualitätsverbesserung der Verkehrssysteme. Es soll unter anderem zum Einsatz von intelligenten Verkehrsinformationssystemen kommen. Hier ist eine Schwerpunktsetzung auf umweltfreundliche und nachhaltige Verkehrsträger wie Schiene und Binnenschiffe geplant, die zur Ausschöpfung der potenziellen Wachstums- und Wertschöpfungspotenziale beitragen soll. Die Anpassung und der Ausbau der Fahrrinne der Unter- und Außenelbe stellt zwar eine wichtige und fundamentale Infrastrukturmaßnahme dar - jedoch sind noch weitere Projektplanungen zu verzeichnen. Der Ausbau des Nord-Ostsee-Kanals, die Anpassung des Binnenwasserstraßennetzes im Hinterland sind weitere Infrastrukturanpassungen, die im Vordergrund stehen. Sowohl die Wasserstraßennetze als auch die ländlichen Verkehrträger wie Straße und Schiene, müssen den stetig steigenden Weltwirtschaftswachstum und dem immer größer werdenden Transportaufkommen angepasst werden. Somit soll die Hafenqualität durch die optimale Anpassung der Infrastruktur gesichert werden.[27]

Entwicklungsplanungen Wasser

Die Fahrrinnenanpassung gilt seitdem sie als zukunftsorientierte Investition für die Hamburger Wirtschaft bekannt gegeben wurde, als umstritten. Grund hierfür sind unter anderem die Auswirkungen auf die Umwelt. So klagten beispielsweise der NABU sowie der WWF in Form ihres Aktionsbündnisses „Lebendige Tiedeelbe" gegen die geplante Elbvertiefung. Dabei kritisierten die Umweltschutzverbände, dass Deutschland nicht angemessene Flusspolitik betreibe. Neben den Richtlinien an die sich die Bundesregierung halten muss, sind die Erhaltung der gefährdeten Lebensräume Beweggründe für die Klage. Als weiteren Grund nennen die Verantwortlichen, dass die Behörden die Schäden an der Natur einfach hinnehmen und die Bauvorhaben ohne Begutachtung genehmigen. Da das europäische Recht ein Verschlechterungsverbot für die ökologische Situation der Gewässer vorgibt, sehen sich die Umweltschutzverbände im Recht. Dabei wird Deutschland

---

[26] Vgl. „Hamburg hält Kurs – Der Hafenentwicklungsplan bis 2025", Oktober 2012, S.24
[27] Vgl. „Hamburg hält Kurs – Der Hafenentwicklungsplan bis 2025", Oktober 2012, S.39 ff

vorgeworfen, dass die Umweltschutzbestimmungen in den Hintergrund gedrängt werden und keinerlei Beachtung finden. Die Kosten, die durch den Einsatz von immer größeren Schiffen und der hohen Belastung der Schifffahrt entstehen, sind nicht mehr zu rechtfertigen. Des Weiteren sind laut dem NABU die ökologisch „guten" Zustände der Flüsse nicht haltbar, wenn Flüsse wie die Elbe weiterhin ohne Rücksicht ausgebaut und vertieft werden.[28]

Neben den Umweltfaktoren sprechen wirtschaftliche Faktoren, wie die Entwicklung der Schiffsgrößen und die enorme wirtschaftliche Bedeutung des Hamburger Hafens, für die Fahrrinnenanpassung. Betrachtet man die prognostizierten Werte, wird Hamburg ohne Elbvertiefung schon Anfang 2015 an Attraktivität verlieren. Da neben Hamburg aber auch Konkurrenzhäfen weiter aufrüsten, um im Wettbewerb die oberen Plätze zu behalten, muss Hamburg auf die Trends der Größenentwicklung und die Expansion der maritimen Wirtschaft reagieren. Demzufolge gilt die Elbvertiefung als ein wichtiges, zukunftsorientiertes Bauprojekt. Bislang konnte Hamburg aufgrund der Hafengröße und der wirtschaftlich günstigen Lage von dem Größenwachstum der „Containerriesen" profitieren. Doch mittlerweile existieren Schiffe, die den Hafen nur noch mit Ladebeschränkungen oder aufgrund der vergleichsweise geringen Elbtiefe und dem hohen Tiefgang gar nicht mehr anlaufen können. Um in Zukunft also auch solche Schiffe bedienen zu können ist es unbedingt notwendig, die geplante Elbvertiefung durchzuführen.[29]

Entwicklungsplanungen Schiene

Das Schienennetz muss aufgrund des Wirtschaftswachstums angepasst werden. Verschiedenste Projekte sind geplant, um die Konkurrenzfähigkeit des Hamburger Hafens aufrecht zu erhalten. Allerdings sind auch Entwicklungsplanungen zu verzeichnen, die die Zustimmung des Bundes und der EU benötigen. Um solche Projekte zu realisieren, bedarf es langer Vorlauf- und Entwicklungsphasen. Somit sind die für Hamburg so wichtigen Anschlüsse an die Transeuropäischen Transportnetze (TEN-T-Netzen) von höheren Instanzen abhängig. Da die westeuropäischen Wettbewerbshäfen bereits mit den TEN-T-Netzen verbunden sind und so ihren Wettbewerbsvorsprung verbessern können, sollte sich Hamburg in der nahen Zukunft darum bemühen, den Druck auf die Verantwortlichen - mit besonderem Appell der Dringlichkeit - zu erhöhen. Da die Zukunft aufgrund von nachhaltigen Verkehrsträgern von einer neuen Modal-Split Verteilung geprägt sein wird, sind die Anpassungen der Schiene ebenfalls als wichtig einzustufen. Sie gelten gegenüber der

---

[28] Vgl. o.V.;„Lebendige Tideelbe statt Vertiefung – Umweltverbände kritisieren deutsche Flusspolitik und klagen gegen die Elbvertiefung", 20.02.2013, 12:53 Uhr, http://www.wwf.de/2012/juni/lebendige-tideelbe-statt-vertiefung/
[29] Vgl. Biermann, Franziska, „Der Hamburger Hafen – fit für die Zukunft?", HWWI Update, Ausgabe 06/2011, S.4

Elbvertiefung aber nur als ergänzende Maßnahmen, um die Qualität der Verkehrsströme sicherzustellen.

Entwicklungsplanungen Strasse

Die Modal-Split Verschiebung wirkt sich auch auf die Straße aus. Die prognostizierte Steigerung der Umschlagmengen wird eine Anpassung der Straßennetze notwendig machen. Um Engpässe in der Transportkette zu minimieren, müssen Alternativrouten geschaffen werden. Diese sollen im Bedarfsfall für ausreichend Kapazität sorgen. Jedoch sind die Projekte der Straßeninfrastrukturanpassungen ebenfalls Bauvorhaben, die eine lange Realisierungsdauer mit sich bringen. Um die geplanten Autobahnen zu bauen, werden mehrere Jahre benötigt. Diese fördern dann zwar die Qualität der Transportkette und die Attraktivität des Hamburger Straßenetzes, sind aber erst im Laufe der Erreichung der Wertschöpfungspotenziale notwendig. Zusätzlich wächst der Hamburger Hafen nicht als einzige Instanz im Bereich der Metropolregion - so müssen bei den Infrastrukturanpassungen auch immer mögliche Nutzungskonflikte mit dem Bau der Hafen-City oder der Erschließung neuer Gewerbegebiete analysiert werden. Durch diese Nutzungskonflikte werden die Planungs- und Realisierungsphasen deutlich verlangsamt. Auch wenn durch diese Analyse etwaige Konfliktentstehungen minimiert oder komplett ausgeschlossen werden können, sind diese enorm zeitaufwendig.[30]

Entwicklungsplanungen Technik

Die transportsystemübergreifende Optimierung der Transportsysteme stellt einen weiteren wichtigen Schritt der Anpassungsmaßnahmen der Wirtschaftsexpansion dar. Die Qualität sowie die Geschwindigkeit der Transportabläufe können durch die technischen Neuerungen optimiert werden. Allerdings sind die 50 verschiedenen Technikansätze noch nicht alle vollkommen erprobt und erforscht. Bislang wurden 20 Systeme mithilfe von Nutzenwertanalysen auf ihre Tauglichkeit überprüft. Jedoch benötigen die neuartigen Transportsysteme ihre eigene Verkehrsinfrastruktur, welche die Realisierung nur bedingt oder nur mit erheblichen Einschränkungen möglich macht.

3.2 Die zukünftige Hafengestaltung

Als wichtiges Projekt gilt den Prognosen und der Analyse dieser Arbeit zufolge in erster Linie die Elbevertiefung. Sie ist die Basis für bedarfsdeckende Kapazitäten angesichts des Größenwachstums der Schiffe und dem Umschlagsanstieg der kommenden Jahre. Zusätzlich werden die Bestimmungen für den Seezollhafen die Abläufe in der Zukunft

---

[30] Vgl. „Hamburg hält Kurs – Der Hafenentwicklungsplan bis 2025", Oktober 2012, S.53f.

beschleunigen. Andere Projekte, die in der Arbeit veranschaulicht werden, gelten in der Zukunft der Qualitätsoptimierung des Warenverkehrs. Um das Ansehen des Hamburger Hafens fortan beizubehalten, müssen zukünftig immer wieder Anpassungen durchgeführt werden. So ist die Hafenentwicklung ein fortlaufender Prozess, der in den kommenden Jahren einen Fokus auf die Qualitätsverbesserung der Verkehrsströme legen wird.

3.3 Schlussbetrachtung und Ausblick

Um zukunftsorientiert, leistungs- und konkurrenzfähig zu bleiben ist das ständige Anpassen an die jeweiligen Wertschöpfungsstufen notwendig. Verschiedene Betrachtungsmethoden finden Anwendung. Nicht nur von Hamburg betriebene Veränderungen wie beispielsweise die Fahrrinnenanpassung oder die Schaffung eines Seezollhafens sind ausschlaggebend für eine positive Zukunft mit einer ausgeglichenen Zielerreichung. Neben diesen Wachstumsfaktoren und den infrastrukturellen Anpassungen darf der Blick auf etwaige Konkurrenzhäfen und die Analyse derer Vorhaben nicht außer Acht gelassen werden. Da die Infrastrukturprojekte lange Vorlaufsphasen benötigen, müssen die Verantwortlichen vorausschauend agieren und sich auf die gegebenen Prognosen verlassen können.[31] Außerdem sind Entscheidungen wie etwa weitgehende Schienennetzanpassungen nicht allein vom Bund zu treffen, sondern bedürfen der Zustimmung internationaler Aufsichtsbehörden.

Zusätzlich ist festzustellen, dass das wichtigste Entescheidungskriterium für den Kunden auch in Zukunft die Wirtschaftlichkeit des Gütertransports bleibt. Da bei der Preisgestaltung aktuelle und zukünftige Energiekosten einen enormen Einfluss haben, sind Transportmittel, die auf Ressourcen wie Öl angewiesen sind, als wettbewerbsunfähig einzustufen. Somit ist der dominierende Anteil von Bahntransporten in Osteuropa ein Faktor, der sich positiv auf den Modal-Split Anteil der Bahn im Hamburger Hafen auswirkt. So führen die sich aus dem Umfeld ergebenden Einflüsse zu einem Trend von der Straße auf die Schiene.[32]

Einer der grundlegenden Wettbewerbsfaktoren des Hamburger Hafens wird neben den leistungsstarken Umschlagskapazitäten die Qualität der Verkehrssysteme für die Bewältigung der Güterströme sein. Obwohl Hamburg bereits über eine gute mehrgliedrige Transportkette verfügt, kommt es bereits heutzutage zu temporären Engpässen. Damit ein ökologisch umweltfreundlicher Transport gewährleistet werden kann, wird zukünftig der Fokus auf nachhaltige Verkehrsträger wie Schiene und Binnenschiff gelegt. Durch die Optimierung der Verkehrsströme will der Hamburger Hafen mögliche Engpassrisiken

---

[31] Vgl. „Hamburg hält Kurs – Der Hafenentwicklungsplan bis 2025", Oktober 2012, S.4
[32] Vgl. „Hamburg hält Kurs – Der Hafenentwicklungsplan bis 2025", Oktober 2012, S.24

minimieren. Demnach soll es zum Einsatz von intelligenten Verkehrsinformationssystemen kommen. Es sind gewisse Ausbauten, für zukünftig notwendige Verbindungen erforderlich. Da grundlegende Entscheidungen für die Ausbauvorhaben in der Verantwortung des Bundes liegen oder sogar Teil der EU-Netzplanung sind, wird der Senat gemeinschaftlich mit den nördlichen Bundesländern sowie mit den Betrieben der Hafenwirtschaft Überzeugungsarbeiten leisten müssen, damit die Dringlichkeit der Anpassungsmaßnahmen verdeutlicht wird.[33]

„Insgesamt überzeugt der Hamburger Hafen hinsichtlich seiner gesamten Performance: durch seine Umschlagentwicklung, seine Marktstellung in der Nordrange, durch die Breite seiner Marktbeziehungen und durch die Stabilität seiner Umschlagleistungen in allen wesentlichen Ladungsgruppen. Die Finanz- und Wirtschaftskrisen der letzten Jahre haben diese Stärken nicht beeinträchtigen können. Der hohe Containeranteil birgt zwar ohne Zweifel auch temporäre Risiken, jedoch überwiegen die Chancen auf lange Sicht bei weitem. Zentrale Erfolgsfaktoren für die Zukunft sind die Gewährleistung hinreichender Fahrwassertiefen, marktgerechter Terminalkapazitäten sowie leistungsfähiger Verkehrsverbindungen ins Hinterland."[34]

---

[33] Vgl. „Hamburg hält Kurs – Der Hafenentwicklungsplan bis 2025", Oktober 2012, S.39
[34] Vgl. „Hamburg hält Kurs – Der Hafenentwicklungsplan bis 2025", Oktober 2012, S.19

4. Literaturverzeichnis

Zeitschriften

1. o.V., Freie und Hansestadt Hamburg, Hafen Hamburg, „Port of Hamburg Magazine", Hamburg, Januar 2012
2. o.V., Freie und Hansestadt Hamburg, Hafen Hamburg, „Port of Hamburg Magazine", Hamburg, Februar 2012
3. HWWI, „Update – Wissens-Service des HWWI", Hamburg, 06/2011

Sammelwerke

1. Großmann, Harald, Otto, Alkis, Stiller, Silvia, Wedemeier Jan, Studie des HWWI und der Berenberg Bank, „Maritime Wirtschaft und Transportlogistik – Band A: Perspektiven des maritimen Handels – Frachtschifffahrt und Hafenwirtschaft", Band A, Hamburg, 2006

Sonstige Quellen

1. Freie und Hansestadt Hamburg – Behörde für Wirtschaft, Verkehr und Innovation, Hamburg Port Authority, „Hamburg hält Kurs – Der Hafenentwicklungsplan bis 2025", Oktober 2012
2. Hamburg Port Authority, AöR; „Geschäftsbericht 2011", Hamburg, 2012
3. Projektbüro Fahrrinnenanpassung, „Anpassung der Fahrrinne von Unter- und Außenelbe an die Containerschifffahrt (Planfeststellungsunterlagen), Hamburg 2006

Internetquellen

1. Biermann Franziska, Der Hamburger Hafen- fit für die Zukunft?, Homepage des Hamburgisches Welt Wirtschafts-Institutes, 01.11.2012, 13:14 Uhr, http://www.hwwi.org/publikationen/publikationen-einzelansicht/der-hamburger-hafen-fit-fuer-die-zukunft///6562.html

2. Herb, Verena, „Tradition und harter Wettbewerb", Homepage des Deutschland Radios, 01.11.2012, 13:30 Uhr, http://www.dradio.de/dlf/sendungen/hintergrundpolitik/1774598/

3. Kopp Martin, Maaß Stephan, „Die Zukunft des Hamburger Hafens ist ungewiss", Homepage die Welt, 01.11.2012, 13:34 Uhr, http://www.welt.de/regionales/hamburg/article110348312/Die-Zukunft-des-Hamburger-Hafens-ist-ungewiss.html

4. Kopp Martin, „Streit über Elbvertiefung eskaliert", Homepage die Welt,
    06.11.2012, 17:35 Uhr,
    http://www.welt.de/print/die_welt/hamburg/article110547129/Streit-ueber-
    Elbvertiefung-eskaliert.html

5. o.V, „Hamburg hält Kurs – der Hafenentwicklungsplan bis 2025", Homepage der
    Hansestadt Hamburg, 06.11.2012, 17:53,
    http://www.hafen-hamburg.de/sites/default/files/hafenentwicklungsplan2025.pdf

6. o.V., „Bundesverwaltungsgericht stoppt Elbvertiefung", Homepage der
    Süddeutschen Zeitung, 07.11.2012, 12:45 Uhr,
    http://www.sueddeutsche.de/politik/hamburger-hafen-bundesverwaltungsgericht-
    stoppt-elbvertiefung-1.1498500

7. o.V., Hamburg Port Authority (HPA) „Geschäftbericht 2011", Homepage der
    Hansestadt Hamburg, 06.11.2012, 13:45 Uhr, http://www.hamburg-port-
    authority.de/de/presse/broschueren-und-publikationen/Documents/HPA-
    Geschäftsbericht_2011_Webversion.pdf

8. o.V., HPA, „ Zukunft Hafen – Verkehr im Fluss – Masterplan Straßenverkehr
    Hafen Hamburg", Homepage der HPA, 07.11.2012, 19:45 Uhr,
    http://www.hamburg-port-authority.de/de/presse/broschueren-und-
    publikationen/Documents/Masterplan_Strassen_Hafen.pdf

9. o.V., Institut für Seeverkehrswirtschaft und Logistik (ISL), „Prognose des
    Umschlagpotenzials des Hamburger Hafens für die Jahre 2015, 2020 und 2025 –
    Endbericht", Bremen, 2010, Homepage der HPA, 07.11.2012, 20:03 Uhr,
    http://www.hamburg-port-authority.de/de/presse/studien-und-
    berichte/Documents/ISL%20Potenzialprognose%20Endbericht.pdf

10. o.V., HPA, „Gemeinsam für den Hafen - Deutliche Entlastung für Großschiffe in
    Hamburg", Homepage der HPA, 23.12.2012, 12:26 Uhr, http://www.hamburg-
    port-authority.de/de/presse/pressearchiv/Seiten/Pressemitteilung-29-11-
    2012.aspx

11. o.V., NABU, „Hintergrundinformation: Deutsche Flusspolitik und die Folgen für
    Elbe, Weser, Ems und Donau", Homepage des NABU, 29.12.2012, 11:30 Uhr,
    http://hamburg.nabu.de/imperia/md/content/hamburg/geschaeftsstelle/politik/elbe/
    hintergrund_pk_elbe_190612.pdf

12. o.V., Bundesministerium für Wirtschaft und Technologie, „Maritime Wirtschaft",
    Homepage des Bundesministerium für Wirtschaft und Technologie, 19.02.2013,
    9:48 Uhr, http://m.bmwi.de/DE/Themen/wirtschaft,did=196298.html

13. o.V., WWF, „Lebendige Tideelbe statt Vertiefung – Umweltverbände kritisieren
    deutsche Flusspolitik und klagen gegen die Elbvertiefung", Homepage des WWF,
    20.02.2013, 12:53 Uhr, http://www.wwf.de/2012/juni/lebendige-tideelbe-statt-
    vertiefung/

14. o.V., HPA, „Zahlen und Fakten", Homepage der HPA, 26.02.2013, 14:46 Uhr,
    http://www.hamburg-port-authority.de/de/der-hafen-hamburg/zahlen-und-
    fakten/Seiten/default.aspx

15. o.V., Projektbüro Fahrrinnenanpassung, „Heutige Fahrrinne", Homepage des
Projektbüros Fahrrinnenanpassung, 01.02.2013, 17:32 Uhr,
http://www.fahrrinnenausbau.de/genehmigungsantrag/planung/heute/index.php

16. o.V., Projektbüro Fahrrinnenanpassung „Derzeitige Verkehrsverhältnisse",
Homepage des Projektbüros Fahrrinnenanpassung, 01.02.2013, 17:33 Uhr,
http://www.fahrrinnenausbau.de/genehmigungsantrag/planung/derzeitige_verh/in
dex.php

17. o.V., Projektbüro Fahrrinnenanpassung, „Schiffsgrößenentwicklung / Tiefgänge",
Homepage des Projektbüros Fahrrinnenanpassung; 01.02.2013, 17:45 Uhr,
http://www.fahrrinnenausbau.de/genehmigungsantrag/planung/schiffsgroessen/in
dex.php

18. o.V., Projektbüro Fahrrinnenanpassung, „Dimensionierung der Fahrrinne",
Homepage des Projektbüros Fahrrinnenanpassung; 01.02.2013, 18:05 Uhr,
http://www.fahrrinnenausbau.de/genehmigungsantrag/planung/dimension_fahrrin
ne/index.php

19. o.V., Projektbüro Fahrrinnenanpassung, „Technische Umsetzung: Das Bagger-
und Verbringungskonzept"; Homepage des Projektbüros Fahrrinnenanpassung;
01.02.2013, 18:17 Uhr,
http://www.fahrrinnenausbau.de/genehmigungsantrag/planung/baggerkonzept/ind
ex.php

20. o.V. ,Projektbüro Fahrrinnenanpassung, „Hintergrundinformationen zum Thema
„Tiefgangsausnutzung auf der Elbe""; Homepage des Projektbüros
Fahrrinnenanpassung; 01.02.2013, 19:39 Uhr,
http://www.fahrrinnenausbau.de/in_der_disk/tiefgangsausnutzung/index.php

<u>Abbildungen:</u>

1. Abb.1 „Containerschiffsgrößen in der Nordeuropa-Fernost-Fahrt 2008 und
2015",Projektbüro Fahrrinnenanpassung
http://www.fahrrinnenausbau.de/genehmigungsantrag/planung/schiffsgroessen/index.
php

2. Abb.2 „Größenentwicklung in der Containerschifffahrt", Projektbüro
Fahrrinnenanpassung,
http://www.fahrrinnenausbau.de/in_der_disk/hintergrund_bedarf/entwickl_schiffgr_tief
g/index.php

3. Abb.3 „Ist-Zustand der Fahrrinnensohle, heutige und geplante Fahrrinnentiefen im
Längsschnitt, Projektbüro Fahrrinnenanpassung,
http://www.fahrrinnenausbau.de/genehmigungsantrag/planung/dimension_fahrrinne/i
ndex.php